BEI GRIN MACHT SICH IHR WISSEN BEZAHLT

AF137315

- Wir veröffentlichen Ihre Hausarbeit, Bachelor- und Masterarbeit

- Ihr eigenes eBook und Buch - weltweit in allen wichtigen Shops

- Verdienen Sie an jedem Verkauf

Jetzt bei www.GRIN.com hochladen und kostenlos publizieren

Patrick Lucke

Untersuchung des Mikrozensus 1998: Schulabschlüsse in Deutschland

GRIN Verlag

Bibliografische Information der Deutschen Nationalbibliothek:

Die Deutsche Bibliothek verzeichnet diese Publikation in der Deutschen National-
bibliografie; detaillierte bibliografische Daten sind im Internet über http://dnb.d-
nb.de/ abrufbar.

Dieses Werk sowie alle darin enthaltenen einzelnen Beiträge und Abbildungen
sind urheberrechtlich geschützt. Jede Verwertung, die nicht ausdrücklich vom
Urheberrechtsschutz zugelassen ist, bedarf der vorherigen Zustimmung des Verla-
ges. Das gilt insbesondere für Vervielfältigungen, Bearbeitungen, Übersetzungen,
Mikroverfilmungen, Auswertungen durch Datenbanken und für die Einspeicherung
und Verarbeitung in elektronische Systeme. Alle Rechte, auch die des auszugsweisen
Nachdrucks, der fotomechanischen Wiedergabe (einschließlich Mikrokopie) sowie
der Auswertung durch Datenbanken oder ähnliche Einrichtungen, vorbehalten.

Impressum:

Copyright © 2006 GRIN Verlag GmbH
Druck und Bindung: Books on Demand GmbH, Norderstedt Germany
ISBN: 978-3-638-66741-8

Dieses Buch bei GRIN:

http://www.grin.com/de/e-book/60387/untersuchung-des-mikrozensus-1998-schul-
abschluesse-in-deutschland

Hochschule für Angewandte Wissenschaften Hamburg

Hamburg University of Applied Sciences

Untersuchung des Mikrozenzus 1998:

Schulabschlüsse in Deutschland

Zur Anzeige wird der QuickTime™
Dekompressor „TIFF (Unkomprimiert)"
benötigt.

Technische Betriebswirtschaftslehre
SS 2006: 3. Semester
Statistik-Praktikum

Abgabetermin:
15. Mai 2006

Verfasser:
Patrick Lucke

Inhaltsverzeichnis

Tabellenverzeichnis

Abbildungsverzeichnis

1. Einleitung

In den vergangenen Jahrzehnten hat die Zahl höherer Schulabschlüsse stetig zugenommen. Möglicherweise liegt dieser Tatsache die allgemeine Einsicht zugrunde, durch einen höheren Schulabschluss auch ein höheres Einkommen zu erlangen. Dieser Behauptung will ich in der vorliegenden Hausarbeit auf den Grund gehen. Ich werde mit Hilfe der Mikrozensusdaten von 1998 untersuchen, bei welchem Schulabschluss, welches Nettoeinkommen vorliegt. Zudem werde ich die These erörtern, ob tatsächlich mehr Männer einen höheren Schulabschluss vorweisen können als Frauen. In diesem Zusammenhang interessiert mich zusätzlich die Frage, ob sich der Schulabschluss von Mann und Frau auf die Ehepartnerwahl auswirkt, bzw. ob sie sich innerhalb der Ehen gleichen.

Auf der Basis der für mein Thema relevanten Daten des Mikrozensus werde ich anhand des Computerprogramms SPSS (Statistical Package for the Social Sciences) Tabellen und Grafiken erstellen, die meine Ergebnisse ausdrücken.

In Kapitel 2 beschreibe ich zunächst die Datenbasis, definieren die für die Analyse notwendigen Variablen und grenzen die für meine Hausarbeit relevante Grundgesamtheit ein.
Das Kapitel 3 beschäftigt sich mit der univariaten Beschreibung der Variablen *Höchster allgemeiner Schulabschluss*, *Nettoeinkommen* und *Geschlecht*.
Kapitel 4 behandelt dann die Untersuchung der Schulabschlüsse auf Personenebene in Bezug auf das Nettoeinkommen und das Geschlecht. Die Ergebnisse werden interpretiert und sowohl grafisch als auch tabellarisch dargestellt.
Das Kapitel 5 beschäftigt sich mit der Analyse auf der Haushaltsebene. Es wird untersucht, welche Schulabschlüsse innerhalb einer Ehe auftreten.

Für diesen Aspekt wird wieder eine neue Grundgesamtheit gebildet. Auch diese Ergebnisse werden interpretiert und durch Grafiken und Tabellen gestützt.

Abschließend präsentiere ich in Kapitel 6 noch einmal zusammenfassend meine Resultate und gebe eine kritische Schlussbetrachtung und einen Ausblick.

2. Beschreibung der Datenbasis

In diesem Kapitel werden die Mikrozensusdaten und die daraus entstehenden, für mich relevanten Campusdaten beschrieben. Im Anschluss folgt ein Überblick über die von mir verwendeten und erstellten Variablen.

2.1 Mikrozensus und Campusdaten

Als Grundlage für meine Analyse der Schulabschlüsse in der Bundesrepublik Deutschland dient der Mikrozensus. Er ist eine amtliche Repräsentativstatistik, die jedes Jahr vom statistischen Bundesamt Deutschland durchgeführt wird. Dabei werden die ausgewählten Haushalte unter anderem über ihre Lebenssituation, soziale Lage und ihre Erwerbstätigkeit befragt. Darüber hinaus werden auch persönliche Daten wie Alter, Geschlecht und Staatsangehörigkeit erfasst.

Der Mikrozensus dient ebenfalls zur Bewertung anderer amtlicher Statistiken oder zur Fortschreitung der Volkszählung. Folglich liefert der Mikrozensus statistische Informationen über die wirtschaftliche und soziale Lage der Bevölkerung.

In Deutschland leben heute 82,4 Millionen Menschen in rund 37 Millionen Haushalten. Es besteht für jeden Haushalt die gleiche Wahrscheinlichkeit, für den Mikrozensus ausgewählt zu werden.

Die Auswahl geschieht über eine Zufallsstichprobe. Dabei wird jährlich 1% aller Haushalte ausgesucht, also ungefähr 370.000 Haushalte mit insgesamt 820.000 Personen.

Jeder ausgewählte Haushalt hat die Pflicht alle, ausgenommen der optionalen, Fragen wahrheitsgemäß für jede Person im Haushalt zu beantworten.

Jedoch kann ich bei meiner Untersuchung nur auf eine stark reduzierte Version des Mikrozensus zurückgreifen. Zunächst wurde aus den Mikrozensusdaten eine „Scientific Use File" generiert, die nur noch 70% der befragten Haushalte enthält und speziell für die Forschung zur Verfügung gestellt wird.

Diese „Scientific Use File" enthält aus Datenschutzgründen nur noch 332 der ursprünglichen 757 Eingabefelder, um einen Rückschluss auf befragte Personen von vornherein ausschließen zu können.

Aus der „Scientific Use File" entstanden dann unsere Campusdaten, die nur noch fünf Prozent der stichprobenartig ausgewählten Haushalte enthalten. Folglich dient als Grundlage für meine Analyse ein Datensatz mit 24.621 Personen in 11.271 (3,4%) der anfänglichen 330.000 Haushalte aus dem Mikrozensus.

An dieser Stelle sei erwähnt, dass die Mikrozensusdaten, auf die sich meine Analysen stützen aus dem Jahre 1998 stammen. Da der Euro erst 2001 in Deutschland eingeführt wurde, werden sämtliche Untersuchungen bezüglich des Einkommens mit der Einheit DM beschrieben.

2.2 Verwendete Variablen

Tabelle 1: Für die Analyse verwendete Variablen

Variable	Bedeutung	Ausprägung
Haushaltsnummer	Personen, die in einem Haushalt leben, besitzen die gleiche Haushaltsnummer	1-11.271
Geschlecht	Das biologische Geschlecht einer Person	1 = männlich 2 = weiblich
Alter	Das vollendete Lebensjahr einer Person	0-95, wobei "95" auch 95 und älter bedeuten kann
Nettoeinkommen	Höhe des Nettoeinkommens im April (je Haushaltsmitglied)	01 = unter 300 DM 02 = 300 DM bis unter 600 DM 03 = 600 DM bis unter 1.000 DM 04 = 1.000 DM bis unter 1.400 DM 05 = 1.400 DM bis unter 1.800 DM 06 = 1.800 DM bis unter 2.200 DM 07 = 2.200 DM bis unter 2.500 DM 08 = 2.500 DM bis unter 3.000 DM 09 = 3.000 DM bis unter 3.500 DM 10 = 3.500 DM bis unter 4.000 DM 11 = 4.000 DM bis unter 4.500 DM 12 = 4.500 DM bis unter 5.000 DM 13 = 5.000 DM bis unter 5.500 DM 14 = 5.500 DM bis unter 6.000 DM 15 = 6.000 DM bis unter 6.500 DM 16 = 6.500 DM bis unter 7.000 DM 17 = 7.000 DM bis unter 7.500 DM 18 = 7.500 DM und mehr DM 50 = Selbständiger Landwirt in der Haupttätigkeit 90 = Kein Einkommen 99 = Angabe fehlt
Familienstand	Familienstand ist eine andere Bezeichnung für Personenstand	1 = ledig 2 = verheiratet 3 = verwitwet 4 = geschieden
Allgemeiner Schulabschluss vorhanden	Abschluss einer allgemeinbildenden Schule (freiwillige Beantwortung ab einem Alter von 51 Jahren)	0 = Entfällt (nur bei Kindern unter 15 Jahren) 1 = Ja 8 = Nein 9 = Angabe fehlt
Höchster allgemeiner Schulabschluss	Art des Abschlusses der allgemeinbildenden Schule (freiwillige Beantwortung ab einem Alter von 51 Jahren)	0 = Entfällt (nur bei Kindern unter 15 Jahren) 1 = Haupt-/Volksschulabschluss 2 = POS 3 = Realschulabschluss 4 = Fachhochschulreife 5 = Abitur / Fachabitur 9 = Angabe fehlt
Nettoeinkommen-neu	Höhe des Nettoeinkommens im April (je Haushaltsmitglied), neu eingeteilt	0 = Kein Einkommen 1 = unter 600 DM 2 = 600 DM bis unter 1.400 DM 3 = 1.400 DM bis unter 2.200 DM 4 = 2.200 DM bis unter 3.000 DM 5 = 3.000 DM bis unter 4.000 DM 6 = 4.000 DM bis unter 5.000 DM 7 = 5.000 DM bis unter 6.000 DM 8 = 6.000 DM bis unter 7.000 DM 9 = 7.000 DM und mehr DM
Schulabschluss-Vergleich	Diese Variable berücksichtigt nur die Personen, die einen Schulabschluss haben, verheiratet sind und zugleich in einem Haushalt leben.	1 = Schulabschluss der Ehepartner nicht gleich 2 = Schulabschluss der Ehepartner gleich

In der voranstehenden Tabelle sind die für meine Hausarbeit relevanten Variablen und deren Ausprägungen beschrieben. Die Variablen *Nettoeinkommen-neu* und *Schulabschluss-Vergleich* sind die von mir kreierten Variablen.

2.3 Ableitung der Grundgesamtheit

An dieser Stelle werde ich die für mich interessante Grundgesamtheit ableiten. Ich muß die Personen auswählen, die die Frage nach einem vorhandenen allgemeinen Schulabschluss mit „Ja" beantwortet haben.

Tabelle 2: Allgemeiner Schulabschluss vorhanden

		Häufigkeit	Prozent	Gültige Prozente
Gültig	Ja	18.595	75,5	93,4
	Nein	369	1,5	1,9
	Angabe fehlt	954	3,9	4,8
	Gesamt	19.918	80,9	100,0
Fehlend	System	4703	19,1	
Gesamt		24.621	100,0	

Wie man in der vorstehenden Tabelle sehen kann, haben 369 der befragten Personen, die Frage über das Vorhandensein eines allgemeinen Schulabschlusses verneint. Dieser Anteil von 1,5% der gesamten Campusdaten sind für die weitere Bearbeitung unserer Fragestellungen nicht von Bedeutung. 19,1% (4.703 Personen) bestehen aus fehlenden Angaben. Dies ist nur auf einen möglichen Grund zurückzuführen: Schaut man sich den Fragebogen des Mikrozensus an, so findet man bei den ersten Fragen zur Aus- und Weiterbildung (Frage 83 – 92) den Hinweis, dass diese nur von Personen im Alter von 15 Jahren und älter beantwortet werden dürfen. Es werden also folglich alle Personen unter 15 Jahren nicht betrachtet. Bei 3,9% der befragten Personen fehlt die Angabe. Hier muss man erneut einen Blick in den Mikrozensus-Fragebogen werfen.

Die Beantwortung der Frage nach einem allgemeinen Schulabschluss ist ab einem Alter von 51 Jahren auf freiwilliger Basis.

Daraus kann ich schließen, dass es wohl 954 Personen gab, die über ihre allgemeine Schulbildung keine Auskunft geben wollten.

18.595 Personen, also 75,5% der Personen der Campusdaten haben die Frage nach einem vorhandenen Schulabschluss mit „Ja" beantwortet. Diese 18.595 Personen bilden die Grundgesamtheit meiner Betrachtungen.

3. Beschreibung der Variablen *Höchster allgemeiner Schulabschluss*, *Nettoeinkommen* und *Geschlecht*

In diesem Kapitel werde ich die für meine Arbeit wichtigen Variablen univariat beschreiben, d. h. die Variablen werden isoliert betrachtet.

3.1 Höchster allgemeiner Schulabschluss

Bei der Betrachtung des *Höchsten allgemeinen Schulabschlusses* können 6 unterschiedliche Ausprägungen beobachtet werden:

- Haupt-/Volksschulabschluss
- POS; Abschluss der allgemeinbildenden polytechnischen Oberstufe in der ehemaligen DDR
- Realschulabschluss (Mittlere Reife) oder gleichwertiger Abschluss
- Fachhochschulreife
- Allgemeine oder fachgebundene Hochschulreife (Abitur)
- Keine Angabe

Abbildung 1: Höchster allgemeiner Schulabschluss

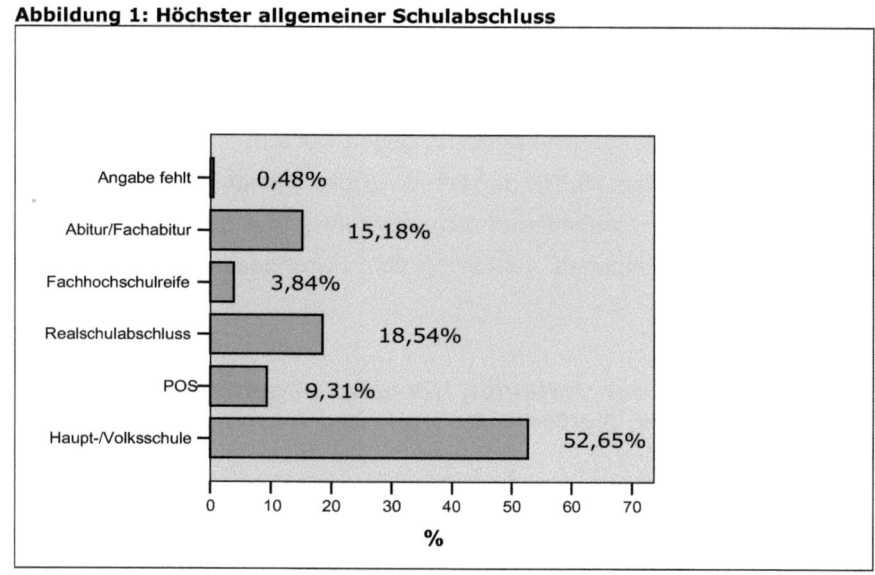

Werfen wir nun einen Blick auf die Häufigkeiten in der Reihenfolge vom niedrigsten zum höchsten Schulabschluss.

Den größten Anteil der Schulabschlüsse bildet der *Haupt- bzw. Volksschulabschluss*. 9.790 Personen besitzen einen solchen. Das entspricht einem prozentualen Anteil von 52,6%.

Darauf folgt der *Abschluss der POS, der allgemeinbildenden polytechnischen Oberstufe in der ehemaligen DDR*. Diese Schule ist vergleichbar mit der Gesamtschule der Bundesrepublik Deutschland. Da die damalige DDR eine kleinere Bevölkerung als die Bundesrepublik Deutschland aufwies und die Wiedervereinigung über 15 Jahre her ist, ist dieser Anteil mit 9,3% (1.732 Personen) relativ gering.

Der Realschulabschluss dagegen ist mit 18,5% (3.447 Personen) doppelt so hoch und die zweit größte Gruppe in dieser Auswertung.

Die Fachhochschulreife scheint mit ihren 3,8% (714 Personen) nicht so beliebt bei den Schülern gewesen zu sein, da man wohl, so weit gekommen, gleich bis zum höchsten Schulabschluss weitergegangen ist.

Dafür spricht der dritt größte Anteil von 15,2% (2.823 Personen).

Zuletzt sei auf 0,5% (89 Personen) hingewiesen, die keine Angabe zu ihrem höchsten allgemeinen Schulabschluss machten. Ein Blick in den Fragebogen zeigt, daß auch die Beantwortung der Frage nach dem höchsten allgemeinen Schulabschluß ab einem Alter von 51 Jahren freiwillig war. Es ist zu vermuten, dass die 89 Personen das Alter von 51 Jahren erreicht oder überschritten hatten und somit das Recht der Freiwilligkeit genutzt haben.

3.2 Nettoeinkommen

Das Nettoeinkommen bezeichnet das Einkommen, welches dem Einzelnen nach Abzug aller Abgaben und Steuern für den privaten Verbrauch und zum Sparen zur Verfügung steht. Vom statistischen Bundesamt in Deutschland wird auch der Begriff „Verfügbares Einkommen" verwendet, bei dem anderweitige Einnahmen bzw. Ausgaben berücksichtigt werden, die bei den unterschiedlichen Einkommensgruppen auftreten können.

Die hier dargestellte Höhe des Nettoeinkommens wurde im Rahmen der Volkswirtschaftlichen Gesamtrechnungen berechnet. Sie schließt die von den Haushaltsmitgliedern tatsächlich empfangenen Einkommen aus Erwerbstätigkeit und Vermögen sowie empfangene laufende Transfers, wie z.B. Rente, Pension, Arbeitslosengeld, Sozialhilfe, Kinder- und Erziehungsgeld ein. Die direkten Steuern und Sozialbeiträge sowie die Zinsen auf Konsumentenkredite sind abgezogen. Nicht eingeschlossen sind unterstellte Einkommen, etwa für die Nutzung eigener Wohnungen oder die Verzinsung von Lebensversicherungsrückstellungen. Erstattungen privater Krankenkassen und Beihilfezahlungen an Beamte und Pensionäre sind ebenfalls nicht im Nettoeinkommen enthalten.

Abbildung 2: Histogramm: Höhe des Nettoeinkommens je Haushaltsmitglied

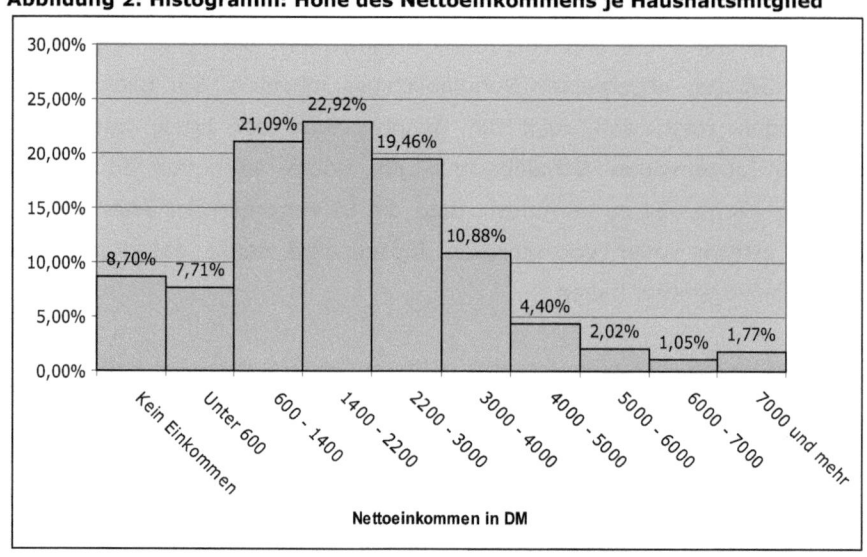

Bei der Auswertung des Nettoeinkommens je Haushaltsmitglied muss vorerst darauf hingewiesen werden, dass nur 17.742 Personen in meiner Analyse einbezogen werden. 760 Personen meiner Grundgesamtheit von 18.595 haben die Antwort auf die Frage bezüglich des Nettoeinkommens verweigert, ihre Angabe fehlt somit.

93 Personen sind selbstständige Landwirte. Diese werde ich nicht in meine Analyse aufnehmen, da sie keine Angabe über die tatsächliche Höhe ihres Einkommens abgegeben haben, unsere Ergebnisse würden verfälscht.

In dem vorstehenden Histogramm ist zu erkennen, dass 8,7% der Personen kein Einkommen und 7,71% der Personen unter 600 DM zur Verfügung haben. Ein starker Anstieg ist zwischen 600 DM und 3.000 DM zu verzeichnen. 22,92% der Personen verdienen zwischen 1.400 DM und unter 2.200 DM.

Sie machen die stärkste Einkommensgruppe aus, gefolgt von 21,09%, die einen Verdienst von 600 DM bis unter 1.400 DM vorweisen können. 19,46% der Personen haben ein Nettoeinkommen von 2.200 DM bis unter 3.000 DM im Monat zur Verfügung.

10,88% der Personen verdienen um 3.500 DM. Ca. 4.500 DM im Monat haben 4,4% der Personen zum Leben. 2,02% haben ein Einkommen von 5.000 DM bis unter 6.000 DM. 1,05% der Personen bestreiten ihren Lebensunterhalt mit ca. 6.500 DM. 7.000 DM und mehr DM stehen nur 1,77% der Personen zur Verfügung.

3.3 Geschlecht

Die Variable Geschlecht gibt das biologische Geschlecht jeder Person an. Im Mikrozensus wird folglich zwischen den zwei Ausprägungen männlich und weiblich unterschieden.

Abbildung 3: Geschlecht

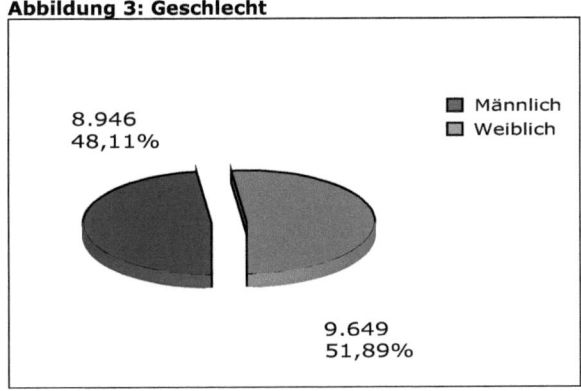

8.946
48,11%

☐ Männlich
☐ Weiblich

9.649
51,89%

In meiner Grundgesamtheit von 18.595 Person, also alle diejenigen, die angegeben haben bzw. angeben konnten, einen Schulabschluss zu besitzen, fallen fast die Hälfte jeweils auf beide Geschlechter.

In Zahlen: 51,89% (9.649 Personen) der Schulabschlüsse besitzen Frauen, 48,11% (8.946 Personen) von Schulabschlüssen nennen Männer ihr Eigen. Dies ist eine repräsentative Basis für meine weitere Analysen in dieser Arbeit.

4. Untersuchung der Schulabschlüsse in Bezug auf das *Nettoeinkommen* und das *Geschlecht*

Im Folgenden werde ich die allgemeinen höchsten Schulabschlüsse bezüglich des zuvor beschriebenen Nettoeinkommens und des Geschlechts auf Personenebene untersuchen.

4.1 Nettoeinkommen

An dieser Stelle interessiert mich, wie viele Personen mit welchem Schulabschluss welches Nettoeinkommen haben. Meine These „je höher der Abschluss, desto höher das Nettoeinkommen" soll im Folgenden ergründet werden.

Abbildung 4: Höchster allgemeiner Schulabschluss bzgl. Nettoeinkommen

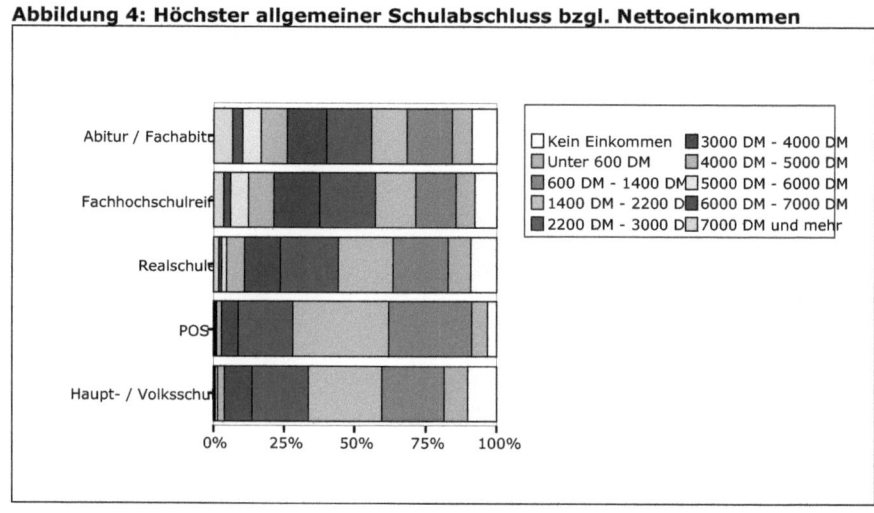

In dem obigen Stapeldiagramm ist für jeden der fünf betrachteten Schulabschlüsse die prozentuale Verteilung der verschiedenen Einkommensklassen dargestellt. Beim Haupt- / Volksschulabschluss sind die Klassen 600 DM – 1.400 DM, 1.400 DM – 2.200 DM und 2.200 DM – 3.000 DM relativ gleich groß. Danach folgen die Personen, die unter 600 DM bzw. die Personen, die gar kein Einkommen haben und die Personen, der höheren Einkommensklasse mit geringen Prozentanteilen.

Der nächst höhere Schulabschluss ist der, der POS der ehemaligen DDR. Hier ist der Anteil der Personen mit einem Verdienst von 600 DM – 1.400 DM und 1.400 DM – 2.200 DM größer als im zuvor beschriebenen Haupt- / Volksschulabschluss. Vor allem tritt das Einkommen unter 600 DM viel weniger auf. Im gehobenen Einkommensbereich macht sich der gewachsene „Mittelstand" bemerkbar. Befragte Personen mit POS-Abschluss und hohem Nettoeinkommen sind seltener vorhanden. Der klassische Realschulabschluss zeigt Parallelen zum Haupt- / Volkschulabschluss. Der untere Einkommensbereich bis 1.400 DM ist ungefähr gleich groß. Jedoch treten hier erstmals die Nettoeinkommensklassen von 5.000 DM – 7.000 DM und mehr verstärkt auf. Beim folgenden Fachhochschulabschluss steigt deren Anteil weiter. Die Konsequenz ist ein schmaleres Band von unter 600 DM bis 3.000 DM. Verwunderlich ist hier, wie auch beim Realschulabschluss, der relativ große Anteil von Personen mit keinem Einkommen.

Beim höchsten Schulabschluss, dem Abitur, ist der Anteil der besser Verdienenden noch weiter gewachsen. Auch hier gibt es anscheinend Personen mit keinem Nettoeinkommen. Laut Definition des Nettoeinkommens (vgl. 3.2) beziehen diese Personen sogar keine Unterstützung vom Staat.

Zusammenfassend kann festgehalten werden, dass je höher der Schulabschluss ist, desto mehr Einkommensgruppen mit hohem bis sehr hohem Nettoeinkommen treten auf.

Besonders der Vergleich von POS-Abschluss und Realschulabschluss zeigt dies deutlich. Wie der Abbildung 4 zu entnehmen ist, steigt das Nettoeinkommen von Personen mit Fachhochschulreife und Abitur im Gegensatz zu den anderen Personen weiter an. Unsere These wurde somit bestätigt.

4.2 Geschlecht

Im Folgenden soll nun untersucht werden, ob meine Vermutung bestätigt wird, dass deutlich mehr Männer einen höheren Schulabschluss besitzen als Frauen.

Abbildung 5: Höchster allgemeiner Schulabschluss bzgl. des Geschlechts

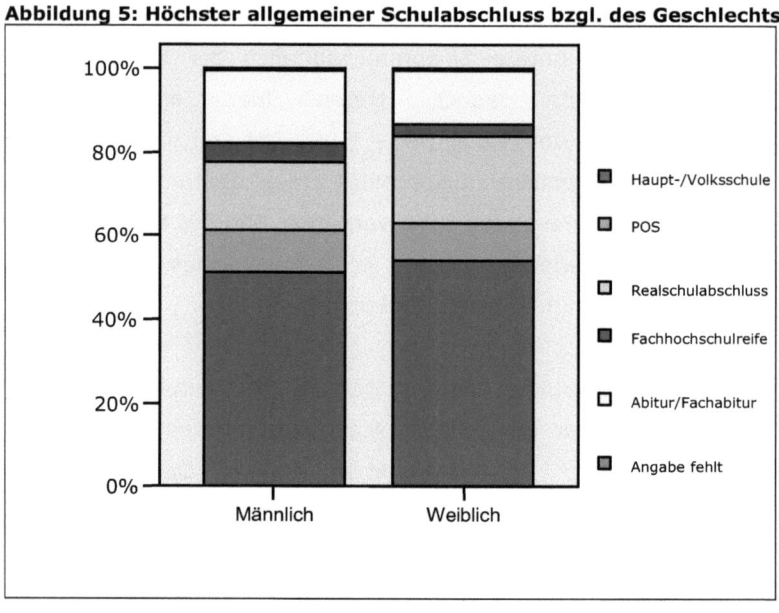

Zieht man zur Betrachtung des höchsten allgemeinen Schulabschlusses noch das auftretende Geschlecht hinzu, erkennt man am vorangehenden Stapelbalken-Diagramm eine gewisse Gleichverteilung der niedrigeren Schulabschlüsse bei Frauen und Männern.

Gut zu sehen ist dies beim Haupt- bzw. Volksschulabschluss und dem Abschluss der allgemeinbildenden polytechnischen Oberstufe in der ehemaligen DDR. Hier stehen sich jeweils rund 25 – 28% und ca. 4,6% des jeweiligen Geschlechts gegenüber.

Beim Realschulabschluss bzw. bei der mittleren Reife fällt der erste deutliche Unterschied auf. So haben knapp 11% der Frauen einen Realschulabschluss, bei den Männern sind es etwas weniger, ungefähr 8%. Die Fachhochschulreife wiederum ist bei Frauen und Männern fast gleich stark vertreten: Frauen, 1,6% gegenüber 2,2% bei den Männern.

In der Kategorie des höchsten allgemeinen Schulabschlusses ist das Abitur mit über 8%-Punkten mehr bei den Männern, als bei den Frauen mit 6,7% vorhanden. Keine große Rolle spielen hier mit gut 0,23% und 0,25% natürlich die fehlenden Angaben von befragten Personen beider Geschlechter, die das Recht der Freiwilligkeit bei der Beantwortung der Frage nach dem höchsten allgemeinen Schulabschluss genutzt haben.

Interessant ist die Verteilung im oberen Drittel. Besonders in der Gruppe der Abiturienten fällt auf, dass die Männer anteilsmäßig einen höheren Schulabschluss als die Frauen besitzen. Diese geschlechtsspezifischen Unterschiede könnten überwiegend auf das frühere Bildungsverhalten der älteren Bevölkerung zurückzuführen sein. Aktuell zu diesem Thema interessiert mich die Verteilung des Alters meiner Grundgesamtheit, um eventuelle Rückschlüsse ziehen zu können. Hierfür habe ich die nachfolgende Fünf-Zahlen-Statistik erstellt.

Tabelle 3: Lageparameter für das Alter der Grundgesamtheit

			Minimum	25. Perzentil	Median	75. Perzentil	Maximum	Mittelwert
Geschlecht	Männlich	Alter	16,0	32,0	44,0	59,0	95,0	46,0
	Weiblich	Alter	15,0	34,0	47,0	63,0	95,0	49,0

Anhand der Tabelle ist zu erkennen, dass das Alter bei den Frauen meiner Grundgesamtheit zwischen 15 und 95 Jahren, bei den Männern zwischen 16 und 95 Jahren liegt, wobei 95 Jahre auch älter als 95 Jahre bedeuten kann. Hier sei nochmals erwähnt, dass die Beantwortung der Frage nach einem Schulabschluss erst ab einem Alter von 15 Jahren zulässig war. Es ergibt sich also eine Spannweite von 80 bzw. 79 Jahren. Der Median von 44 Jahren bei den Männern und 47 Jahren bei den Frauen weicht nicht viel von dem jeweiligen Altersdurchschnitt von 46 Jahren bei den Männern und 49 Jahren bei den Frauen ab. Der Quartilsabstand beträgt bei den Frauen 29 und bei den Männern 27 Jahre.

Die nachfolgende Abbildung zeigt den zu der Fünf-Zahlen-Statistik zugehörigen Boxplot:

Abbildung 6: Box-Plot: Alter der Grundgesamtheit

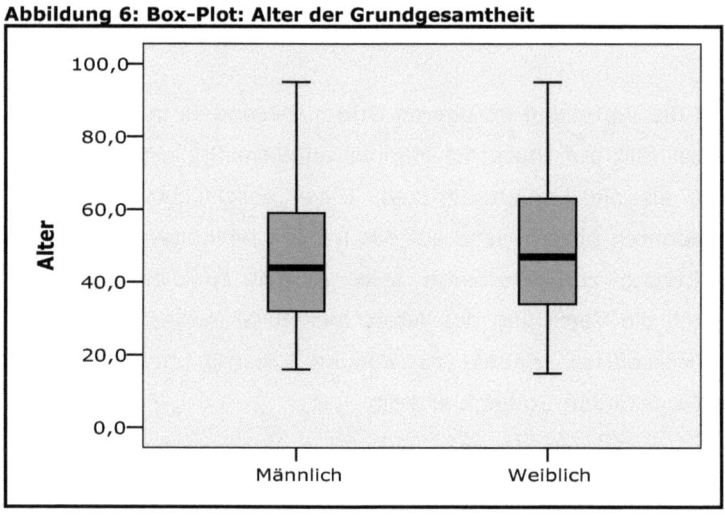

Sowohl die Fünf-Zahlen-Statistik als auch der Box-Plot zeigen, dass 50% der Männer zwischen 32 und 59 Jahre alt und 50% der Frauen meiner Grundgesamtheit zwischen 34 und 63 Jahre alt sind.

In meiner Grundgesamtheit des Mikrozensus 1998 stammen die Frauen und Männer somit überwiegend noch aus der Generation, in der der Frau eher die Rolle der Hausfrau zugedacht wird. Männer war es eher vergönnt, das Abitur zu absolvieren und eventuell dann sogar ein Studium zu beginnen, um dann die Familie zu ernähren.

5. Untersuchung der Schulabschlüsse innerhalb einer Ehe

In diesem Abschnitt werde ich das Auftreten der höchsten allgemeinen Schulabschlüsse innerhalb der Ehen untersuchen. Mein Ziel ist es, herauszufinden, ob unsere Annahme bestätigt wird, dass überwiegend Personen mit gleichem Schulabschluss eine Ehe geschlossen haben.

5.1 Beschreibung der Variablen Familienstand und Abgrenzung der neuen Grundgesamtheit

Wie schon in Abschnitt 2.3 beschrieben, zählen zu der Grundgesamtheit meiner Hausarbeit die Personen, die die Frage bezüglich des Vorhandenseins eines Schulabschlusses mit „Ja" beantwortet haben. Das waren 18.595 Personen. Diese Grundgesamtheit müssen wir nun vorerst auf den Familienstand = verheiratet reduzieren.

Abbildung 7: Familienstand der Grundgesamtheit

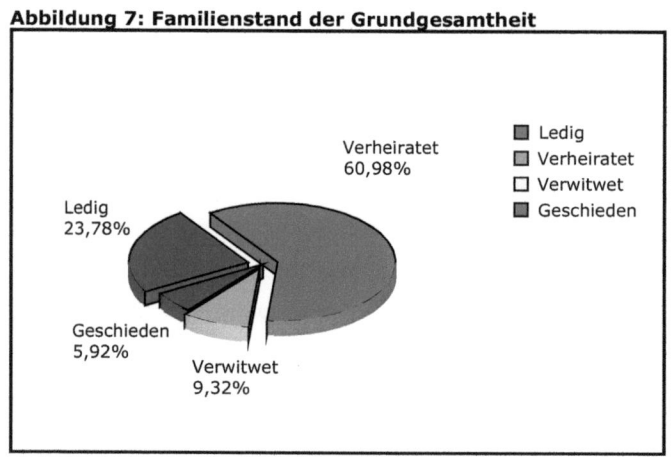

In dem obigen Kreisdiagramm können wir sehen, dass 60,98% der Grundgesamtheit von 18.595 Personen verheiratet sind. Das entspricht einer absoluten Zahl von 11.340 Personen, die für die weitere Bearbeitung herangezogen werden. Um herauszufinden, ob sich die Schulabschlüsse innerhalb einer Ehe gleichen, muss ich im nächsten Schritt die Ehepartner herausfinden, die in einem Haushalt leben, also die gleiche Haushaltsnummer vorweisen. Denn verheiratet bedeutet nicht automatisch, dass die Eheleute auch zusammenleben. Der Bezug zu getrennt lebenden Ehepartnern lässt sich im Mikrozensus leider nicht herstellen.

Nachdem ich die Daten aggregiert habe, ergibt sich erneut eine für diese Untersuchung neue Grundgesamtheit von 5.444 Haushalten, die im Folgenden in Betracht gezogen werden. Ich konnte also sicherstellen, dass in den 5.444 Haushalten 2 Ehepartner, einer männlich und einer weiblich leben.

5.2 „Gleich und gleich gesellt sich gern?"

Kann diesem Spruch aus dem Volksmund tatsächlich Glauben geschenkt werden?

In SPSS habe ich über Transformieren / Berechnen eine neue Variable erzeugen können, die den Vergleich der Schulabschlüsse innerhalb einer Ehe zulässt. Die folgenden Tabelle und das folgende Kreisdiagramm geben uns Aufschluss über das Auftreten, ob sich der Schulabschluss innerhalb einer Ehe gleicht oder nicht:

Tabelle 4: Vergleich der Schulabschlüsse innerhalb einer Ehe

		Häufigkeit	Prozent	Gültige Prozente
Gültig	Schulabschluss nicht gleich	1673	30,7	30,7
	Schulabschluss gleich	3771	69,3	69,3
	Gesamt	5444	100,0	100,0

Abbildung 8: Vergleich der Schulabschlüsse innerhalb einer Ehe

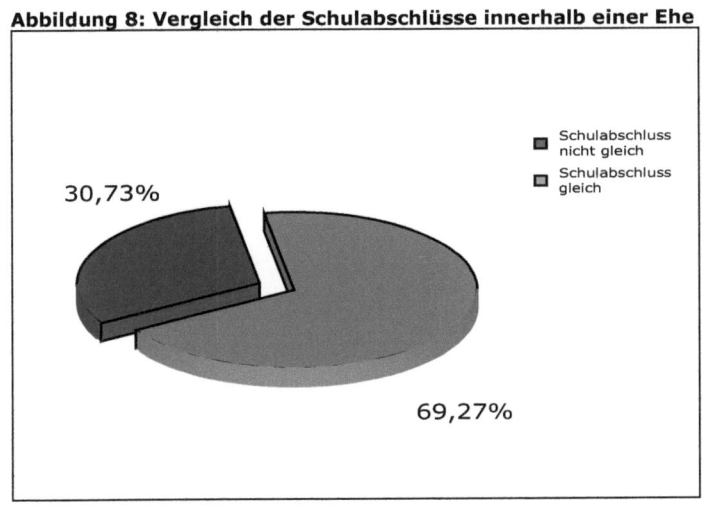

30,73%

Schulabschluss nicht gleich

Schulabschluss gleich

69,27%

Erstaunlicherweise sieht man in dem obigen Diagramm, dass sich in 69,3% aller Ehen meiner Grundgesamtheit von 5.444 Haushalten der Schulabschluss gleicht. Das macht knapp 2/3 der Grundgesamtheit aus. In 30,7% aller Ehen ist der Schulabschluss ungleich. Mit einem solchen klaren Ergebnis hatte ich zu Beginn meiner Arbeit nicht gerechnet. Meine Annahme, dass überwiegend Personen mit einem gleichen Schulabschluss eine Ehe eingehen, wurde somit bestätigt.

Mögliche Gründe dafür könnten sein, dass sich ein Ehepartner, der einen niedrigeren Schulabschluss vorzuweisen hat, dem anderen Ehepartner interlektuell untergeordnet fühlen könnte. Aus der anderen Sicht wünscht sich eine Person, die einen höheren Schulabschluss hat, vermutlich einen Partner, der ihm interlektuell gewachsen ist. Möglicherweise haben Menschen mit ähnlichen Schulabschlüssen auch eher gleiche Interessen und leben in ähnlichen Umgebungen oder Umständen, so dass sie sich eher kennen lernen. Ein Student beispielsweise lernt aufgrund seiner Umwelt oft andere Studenten kennen.

6. Schlussbetrachtung und Ausblick

In diesem abschließenden Kapitel werde ich meine Ergebnisse noch einmal zusammengefasst darstellen.

Zunächst möchte ich auf die Vermutung eingehen, dass mit einem höheren Abschluss, ein höheres Nettoeinkommen erzielt wird. Dieser Zusammenhang konnte durch meine Untersuchungen nachgewiesen werden. Jedoch ist das Ergebnis nicht so deutlich, wie vorher angenommen. „Bildung ist eine zentrale, vielleicht sogar die zentrale Dimension für die Bestimmung von Lebenslagen: Bildung wird innerhalb von Familien, schulischen und berufsbildenden Institutionen vermittelt, bestimmt Wertemuster und Daseinskompetenzen und prägt die weiteren sozialen Chancen im Lebensverlauf. Dies ist insbesondere in Deutschland der Fall: Das deutsche Schul- und Ausbildungssystem ist mit der Berufsgesellschaft so abgestimmt, dass eine Arbeitsbürgerschaft (durch die Teilnahme am Arbeitsprozess) faktisch an eine Mindestzertifizierung im Bildungs- und Ausbildungssystem gebunden ist." Dieses ging aus einem Bericht der Staatsregierung zur sozialen Lage in Bayern hervor. Je höher die Schulbildung, desto höher auch das spätere Einkommen. Auf diese einfache Formel könnte man die Ergebnisse meiner Hausarbeit bei der Frage nach dem Zusammenhang zwischen Schulabschluss und Nettoeinkommen auch zusammenfassen. An dieser Stelle hätte ich gern zusätzlich den Zusammenhang zwischen Ausbildungs- bzw. dem Hochschulabschluss und dem Einkommen untersucht. Die Campusdaten machen leider aber keine Aussage über die Art der Ausbildungsabschlüsse bzw. Hochschulabschlüsse.

Auch die These, dass mehr Männer einen höheren Schulabschluss vorweisen können als Frauen, konnte nachgewiesen werden.

Sehr gut beim Abitur zu sehen, besitzen die Männer anteilsmäßig einen höheren Schulabschluss als die Frauen.

Der Trend geht jedoch immer weiter in die Richtung, dass Frauen bei Firmeneinstellungen bei gleicher Qualifikation bevorzugt behandelt werden. Das weibliche Geschlecht wird somit auch von der Gesellschaft und der Wirtschaft dazu animiert, einen möglichst hohen Schulabschluss zu erreichen und darüber hinaus beispielsweise auch einen Hochschulabschluss zu erlangen. Auch in diesem Zusammenhang hätte mir natürlich die Verteilung der Geschlechter bei z. B. Hochschulabschlüssen interessiert.

Eine Überraschung gab es bei meiner zu Anfang geäußerten Vermutung, dass sich der Schulabschluss auf die Ehepartnerwahl auswirkt, also dass die Schulabschlüsse innerhalb einer Ehe überwiegend gleich sind. Dieses konnte anhand meiner Analysen bestätigt werden, ich war jedoch überrascht, wie deutlich. Eine weitere Betrachtung, die ich in diesem Zusammenhang gern untersucht hätte, ist die Verteilung der Schulabschlüsse innerhalb der Ehen, in denen der Schulabschluss ungleich ist. Eine Vermutung hat sich bereits manifestiert: Das weibliche Geschlecht hat vermutlich einen niedrigeren Abschluss als das männliche Geschlecht. Dieses wären spannende Aspekte für eine weitere Untersuchung.

Insgesamt läßt sich feststellen, dass es interessant wäre, herauszufinden, wie sich die Zahlen seit 1998 in den letzten Jahren entwickelt haben. Mit diesen könnte festgestellt werden, ob beispielsweise die Zahl der höheren Schulabschlüsse bei Frauen angestiegen ist; ob ich also mit meiner Interpretation des „früheren Bildungsverhaltens" (vgl. 4.2) richtig liege.

Literaturverzeichnis

Hörnstein, Elke / Kreth, Horst (2001): Wirtschaftsstatistik, Stuttgart: Kohlhammer Verlag.

Thiel, Norbert (1999): Grundlagen der beschreibenden Statistik aus Schriften zur Statistik und Wahrscheinlichkeitstheorie, Dollern: wissPub-Verlag

Internetverzeichnis

Statistisches Bundesamt Deutschland: http://www.destatis.de

http://www.destatis.de/themen/d/thm_bildung.php

http://www.destatis.de/indicators/d/lrverueb.htm

http://www.destatis.de/micro/d/micro_c1.htm

Mitteldeutscher Rundfunk:
http://www.mdr.de/damals-in-der-ddr/lexikon/1681951.html